ABHANDLUNGEN DER DEUTSCHEN AKADEMIE
DER WISSENSCHAFTEN ZU BERLIN

Klasse für Mathematik, Physik und Technik
Jahrgang 1959, Nr. 1

ROLF REISSIG

ÜBER DIE TOTALE STABILITÄT ERZWUNGENER REIBUNGSSCHWINGUNGEN

AKADEMIE-VERLAG · BERLIN
1959

Vorgelegt von Hrn. Schröder in der Gesamtsitzung von 22. Januar 1959
Zum Druck genehmigt am gleichen Tage, ausgegeben am 10. Juli 1959

Erschienen im Akademie-Verlag GmbH, Berlin W 1, Leipziger Str. 3–4
Lizenz-Nr. 202 · 100/720/59
Satz und Druck: Druckhaus „Maxim Gorki“, Altenburg
Bestell- und Verlagsnummer: 2001/59/I/1
Printed in Germany
ES 19 B 4

HERRN PROF. DR. KURT SCHRÖDER

ZUM FÜNFZIGSTEN GEBURTSTAG

GEWIDMET

Im folgenden behandeln wir die erzwungenen Bewegungen eines Schwingers mit nichtlinearen Rückstell- und Dämpfungskräften und COULOMBscher Reibung. Dabei stützen wir uns gelegentlich auf Teilergebnisse früherer Arbeiten, die aber nur in großen Zügen wiederholt werden. Insbesondere verwenden wir den sehr wichtigen Nachweis beschränkter Bewegungen (genauer gesagt den Beweis, daß das betrachtete dynamische System im Großen dissipativ ist) und die grundlegende Aussage, daß bei linearer Feder-Kennlinie jede erzwungene Bewegung asymptotisch stabil (im Ganzen) ist.

Unser Hauptanliegen ist es, die Stabilität einer erzwungenen Bewegung bei dauernd wirkenden Störungen (totale Stabilität) zu prüfen. Wir werden darlegen, daß bei jeder einzelnen Bewegung totale Stabilität besteht, wenn nur der dämpfende Einfluß stark genug ist und die Nichtlinearität der Rückstellwirkung in gewissem Sinne begrenzt ist. Für eine besondere Art von Störungen ist die totale Stabilität sogar asymptotisch.

Zum Beweis bilden wir eine LJAPUNOWsche Funktion, deren Argumente der Ausschlag und die Geschwindigkeit (bezüglich der ungestörten Bewegung) sind, während die Zeit nicht explizit darin vorkommt. Diese Funktion ändert sich sprunghaft, wenn die Geschwindigkeit das Vorzeichen wechselt, und genügt keineswegs den strengen Anforderungen des bekannten Satzes über die totale Stabilität [6]. Die LJAPUNOWschen Betrachtungen [5] lassen sich ohnehin nicht auf unser Beispiel, das völlig aus dem Rahmen der üblichen Regularitätsbedingungen fällt, anwenden. Deshalb müssen wir den Stabilitätsbeweis nach einer ganz speziellen, dem Beispiel angepaßten Methode durchführen. Aus dem Beweis geht dann hervor, daß bei genügend großer Dämpfung (und immer noch nichtlinearer Federkraft) hinsichtlich einer einmaligen Störung (Anfangsstörung) asymptotische Stabilität im Kleinen herrscht.

Wir studieren weiterhin im Fall der linearen Feder-Charakteristik die Störung einer Bewegung in Gestalt einer variablen Verstimmung des Reibungskoeffizienten und berechnen eine Schranke für die bleibende Abweichung des Ausschlags und der Geschwindigkeit. Die Schranke ist auch dann noch gültig, wenn sich der Reibungskoeffizient in den Ruhepausen vergrößert, aber während der Bewegung wieder auf den ursprünglichen Wert reduziert. An Zahlenbeispielen zeigen wir, welche Ungenauigkeit dies im Vergleich zum „ungestörten" Bewegungsverlauf mit sich bringt; sie ist um so größer, je kleiner die zähe Dämpfung ausfällt. Durch unsere Betrachtungsweise gewinnen wir ein Schwingermodell, das dem tatsächlichen Charakter der Festreibung Rechnung trägt: Die Haftreibung ist nämlich immer stärker als die Gleitreibung [8]. Weil dieser Umstand die mathematische Untersuchung erheblich kompliziert, ist er in den bisher bekannten Abhandlungen über Reibungsschwingungen [2, 3, 4, 7, 11, 13, 14, 15, 17, 18] ganz außer acht gelassen worden.

1

Ein einfacher Schwinger mit dem Ausschlag x und der Geschwindigkeit $y = x'$, auf den die Rückstellkraft $-G(x)$, die Flüssigkeitsdämpfung $-F(y)$, die trockene Reibung $-\mu \operatorname{sgn} y$ und die (beschränkte) Fremderregung $E(t)$ wirken, führt im allgemeinen eine Bewegung mit zeitweiligen Ruhepausen (Stillstandsbewegung) aus [9]; hierbei sind die Bestimmungsstücke

x und y stetige Funktionen der Zeit t, während die Beschleunigung $y' = x''$ Sprungstellen hat. Die Bewegungs-Differentialgleichung lautet

$$x'' + F(x') + \mu \operatorname{sgn} x' + G(x) = E(t), \tag{1}$$

und die Stillstandsbedingung ist

$$x' = 0,\ E(t) - \mu \leqq G(x) \leqq E(t) + \mu. \tag{2}$$

Die Funktionen $G(x)$ ($\operatorname{sgn} G = \operatorname{sgn} x$), $F(y)$ ($\operatorname{sgn} F = \operatorname{sgn} y$) und $E(t)$ sollen stetig sein und für die mit $\mu = 0$ gebildete Differentialgleichung (1) die Gültigkeit des Existenz- und Eindeutigkeitssatzes sichern. Dann leitet jede beliebige zur Zeit t_0 ausgeübte Anfangsstörung (x_0, y_0) eine für $t \geqq t_0$ eindeutig bestimmte Bewegung $x(t)$ ein, die den Beziehungen (1), (2) gehorcht und zudem die Anfangswerte $x(t_0) = x_0$, $x'(t_0) = y_0$ besitzt.

Über die Fremderregung $E(t)$ setzen wir ferner voraus:

$$-M \leqq E(t) \leqq +M \text{ für } t \geqq 0;\ M > \mu \tag{3}$$

$$E(t_k) = (-1)^k M;\ t_0 = 0 < t_1 < t_2 < \dots \tag{4}$$

$$0 < T' \leqq t_{k+1} - t_k \leqq T'' \tag{5}$$

Dann kann der Schwinger nicht dauernd in Ruhe bleiben, während im Falle $M \leqq \mu$ der Abschnitt

$$M - \mu \leqq G(x) \leqq -M + \mu$$

aus permanenten Ruhelagen besteht, zu denen sämtliche Bewegungen asymptotisch hinstreben [9]. Im letzten Fall spricht man von „starker Gleitreibung“ und im ersten von „schwacher Gleitreibung“. Wir befassen uns hier also nur mit schwacher Gleitreibung.

Zunächst wollen wir nachweisen, daß es beschränkte Bewegungen gibt, d. h. solche Bewegungen, bei denen für $t \geqq 0$

$$|x(t)| \leqq A,\ |y(t)| \leqq B \tag{6}$$

gilt. Zu dem Zweck betrachten wir in der xy-Ebene die instationäre Kurvenschar $x = x(t)$, $y = y(t)$ (das Phasenbild). Wie üblich konstruieren wir einen geschlossenen doppelpunktfreien Weg, den die Phasenbahnen nur von außen nach innen schneiden können, wenn sie auf ihn treffen. Um die Konstruktion nach einem in [12] ausführlich diskutierten Plan zu ermöglichen, setzen wir über die Funktionen $F(y)$ und $G(x)$ noch folgendes voraus:

$$\begin{gathered} F(y) \text{ wächst streng monoton, } F(0) = 0; \\ \lim_{y \to +\infty} F(y) \geqq F > M - \mu,\quad \lim_{y \to -\infty} F(y) \leqq -F. \end{gathered} \tag{7}$$

$$\begin{gathered} G(x) \text{ wächst streng monoton, } G(0) = 0; \\ \lim_{x \to +\infty} G(x) \geqq G > 2M,\quad \lim_{x \to -\infty} G(x) \leqq -G. \end{gathered} \tag{8}$$

Danach können die Rückstell- und Dämpfungskräfte durchaus beschränkt bleiben und müssen lediglich eine gewisse Mindeststärke erreichen.

Wir skizzieren nun kurz den Entwurf von W, dessen Durchführbarkeit in [12] bewiesen wurde.

Man gibt sich eine positive Zahl ε vor, für die

$$M\varepsilon < \operatorname{Min}(G - 2M, F + \mu - M)$$

ausfällt. Danach bestimmt man vier Werte x_1, x_2, y_1, y_2:

$$G(x_1) = -(2+\varepsilon)M, \quad G(x_2) = (2+\varepsilon)M$$

$$F(y_1) = -M + \mu, \quad F(y_2) = (1+\varepsilon)M - \mu.$$

Man setzt $y_3 = \text{Max}\,(-y_1, y_2)$.

Den Weg W bildet man aus einem Oberteil $W_+ (y \geqq 0)$ und einem Unterteil $W_- (y \leqq 0)$; die beiden Teile W_+ und W_- werden wieder aus verschiedenen Stücken hergestellt. Diese nimmt man aus mehreren Kurvenscharen, die jede Phasenbahn so durchsetzt, daß auf ihr der Kurvenparameter abnimmt. Um die sogenannten Vergleichskurven zu erhalten, schätzt man die totale zeitliche Ableitung der Funktion

$$w(x, y) = \tfrac{1}{2} y^2 + \int_0^x G(s)\, ds,$$

also die Größe

$$w' = \frac{d}{dt} w(x, y) = y\,(y' + G(x)) = y\,(E(t) - F(y) - \mu \operatorname{sgn} y),$$

in verschiedenen y-Intervallen (wo $y \neq 0$) nach oben ab:

$$y \geqq 0,\ w' \leqq M y \text{ oder } \{w(x, y) - M x\}' \leqq 0;$$

$$y \geqq y_3,\ w' \leqq -\varepsilon M y \text{ oder } \{w(x, y) + \varepsilon M x\}' \leqq 0;$$

$$y \leqq 0,\ w' \leqq -M y \text{ oder } \{w(x, y) + M x\}' \leqq 0;$$

$$y \leqq -y_3,\ \{w(x, y)\}' \leqq 0.$$

Die Vergleichskurven sind demnach

$$w(x, y) - M x = \text{Konst}\ (y \geqq 0)$$

$$w(x, y) + \varepsilon M x = \text{Konst}\ (y \geqq y_3)$$

$$w(x, y) + M x = \text{Konst}\ (y \leqq 0)$$

$$w(x, y) = \text{Konst}\ (y \leqq -y_3)$$

Jede Phasenbahn bleibt entweder eine Zeitlang auf der Vergleichskurve, mit der sie momentan zusammentrifft, oder durchsetzt sie nach der zur x-Achse hingewandten Seite. Das gilt auch in den Stillstandsintervallen der zugehörigen Schwinger-Bewegung, die wir bei den Abschätzungen nicht berücksichtigt haben. Daraus erkennen wir, daß die genannten Kurvenbögen als Teile des Weges W geeignet sind. Wie sie zusammengesetzt werden, erörtert man am besten in der xw-Ebene, wo den Vergleichskurven Geradenscharen entsprechen.

In dieser Ebene steht uns das Gebiet oberhalb der Kurve

$$y = 0, \text{ d. h. } w = \int_0^x G(s)\, ds$$

zur Verfügung, und die Verbindungspunkte des Streckenzuges, der den Weg W darstellt, liegen teils auf $y = 0$ und teils auf

$$y = y_3, \text{ d. h. } w = \int_0^x G(s)\, ds + \tfrac{1}{2} y_3^2.$$

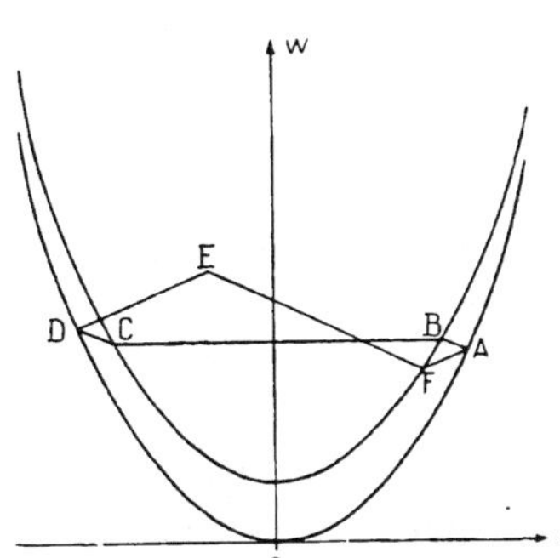

Abb. 1

Unser Entwurf wird durch Abb. 1 veranschaulicht. Man beginnt in einem Punkt $A\,(y = 0)$ rechts von der w-Achse mit zwei Strecken der Steigung $-M$ bzw. $+M$ bis zur Kurve $y = y_3$ (B bzw. F). Das andere Ende der horizontalen Sehne an diese Kurve in B ist C; von ihm geht eine Strecke der Steigung $-M$ nach $y = 0$ (D). Von D führt eine Gerade der Steigung $+M$ nach rechts und von F eine Gerade der Steigung $-\varepsilon M$ nach links; beide sollen sich in einem Punkt E oberhalb von $y = y_3$ treffen. Dies läßt sich dadurch erreichen, daß man die Anfangsabszisse genügend groß wählt.

Die Rücktransformation des Streckenzuges in die xy-Ebene liefert den Weg W; hierbei ist zu beachten, daß der Teil $DEFA$ dem Oberteil W_+ und der Teil $DCBA$ dem Unterteil W_- entspricht. Die Existenz beschränkter Bewegungen können wir durch die Konstruktion von W als bewiesen ansehen.

2

Jetzt wird angenommen, daß außer den vorgegebenen wohlbestimmten Kräften auf den betrachteten Schwinger eine dauernde (unbekannte) Störkraft wirkt. Es wird untersucht, wie sich eine bestimmte (ungestörte) Bewegung ändert, wenn sie einer Anfangsstörung zur Zeit $t = 0$ und der fortwährenden Störung im Zeitraum $t \geqq 0$ unterliegt. Unser Ziel ist es, die Stabilität der ungestörten Bewegung bei ständig wirkenden Störungen (totale Stabilität) nachzuweisen. Dabei wird die folgende Definition [6] verwendet.

Sei $x(t)$ die ungestörte Bewegung und $y(t) = x'(t)$ ihre Geschwindigkeit, und sei $\bar{x}(t) = x(t) + u(t)$ eine gestörte Bewegung (Vergleichsbewegung) und $\bar{y}(t) = \bar{x}'(t) = y(t) + v(t)$ die zugehörige Geschwindigkeit. Die Dauerstörung bezeichnen wir mit $R(u, v, t)$, so daß die Bewegungs-Differentialgleichung der gestörten Bewegung durch

$$(x''(t) + u'') + F(x'(t) + u') + \mu \operatorname{sgn}(x'(t) + u') + G(x(t) + u) = E(t) + R(u, u', t) \tag{9}$$

und die Stillstands-Bedingung durch

$$(y(t) + v(t)) = 0, \quad E(t) + R(u, v, t) - \mu \leqq G(x(t) + u) \leqq E(t) + R(u, v, t) + \mu \tag{10}$$

gegeben ist.

Wenn sich zu einer vorgegebenen beliebigen Zahl $\varepsilon > 0$ zwei Schranken $\eta(\varepsilon) > 0$, $\delta(\varepsilon) > 0$ finden lassen, so daß aus

$$|R(u, v, t)| \leqq \eta \text{ für } |u| \leqq \varepsilon,\ |v| \leqq \varepsilon,\ t \geqq 0 \tag{11}$$

und

$$|u(0)| \leqq \delta,\ |v(0)| \leqq \delta \tag{12}$$

für alle Zeiten $t \geqq 0$

$$|u(t)| \leqq \varepsilon,\ |v(t)| \leqq \varepsilon \tag{13}$$

folgt, dann heißt die ungestörte Bewegung $x(t)$ *total stabil.*

Das ist die sinngemäße Anwendung der üblichen Definition auf das von uns betrachtete Beispiel.

Die Störfunktion R soll natürlich so beschaffen sein, daß bei der mit $\mu = 0$ gebildeten Gleichung (9) die Existenz- und Eindeutigkeitaussage zutrifft.

Wir wollen den folgenden Satz beweisen.

In $[-B-\varepsilon, +B+\varepsilon]$ sei $|F(\bar{y}) - F(y)| \geqq 2D_\varepsilon |\bar{y} - y|$, und in $[-A-\varepsilon, +A+\varepsilon]$ sei $G(x)$ stetig differenzierbar, wobei

$$\operatorname{Min} G'(x) = k_\varepsilon'^2 > 0, \operatorname{Max} G'(x) = k_\varepsilon''^2 \tag{14}$$

sein soll. Die Größe ε sei beliebig, aber positiv. Besteht dann die Abschätzung

$$k_0''/\sqrt{2} > 2\,D_\varepsilon > (k_0'' - k_0')\sqrt{2}, \tag{15}$$

so ist die ungestörte Bewegung total stabil[1]).

Zum Beweis des Satzes werden wir in der uv-Ebene einen im (beliebig kleinen) Quadrat $|u| \leqq \varepsilon$, $|v| \leqq \varepsilon$ enthaltenen geschlossenen doppelpunktfreien Weg entwerfen, den für $t \geqq 0$ keine Bahn $u(t)$, $v(t)$ nach außen durchdringen kann, sofern $|R|$ hinreichend klein gewählt wird. Das größte von diesem Weg umgebene Quadrat $|u| \leqq \delta$, $|v| \leqq \delta$ ist der Bereich der zulässigen Anfangsstörungen. Bemerkenswert ist, daß wir einen stationären Weg konstruieren, der sich also nicht im Laufe der Zeit deformiert oder verschiebt. Zu dem Zweck erklären wir erst einmal einige Hilfsfunktionen und beschreiben ihre Eigenschaften.

Für $u \geqq 0$ setzen wir

$$k(u) = \operatorname{Min}\{\operatorname*{Min}_{|x|\leqq A}(G(x+u) - G(x)), \operatorname*{Min}_{|x|\leqq A}(G(x) - G(x-u))\} = \operatorname*{Min}_{-A-u\leqq x\leqq A}(G(x+u) - G(x))$$

sowie

$$h(u) = \operatorname{Max}\{\operatorname*{Max}_{|x|\leqq A}(G(x+u) - G(x)), \operatorname*{Max}_{|x|\leqq A}(G(x) - G(x-u))\} = \operatorname*{Max}_{-A-u\leqq x\leqq A}(G(x+u) - G(x)).$$

Beide Funktionen sind stetig und streng monoton wachsend und haben verschwindende Anfangswerte: $k(0) = h(0) = 0$.

Für $u < 0$ setzen wir

$$k(u) = -h(-u),\ h(u) = -k(-u).$$

Ferner definieren wir

$$K(u) = \int_0^u k(s)\,ds,\ H(u) = \int_0^u h(s)\,ds;$$

dabei gilt $K(-u) = H(u)$ und $H(-u) = K(u)$. Die beiden Funktionen sind stetig differenzierbar und streben für $|u| \to \infty$ gegen ∞.

Wenn $G(x) = x$ ist, haben wir $k(u) = h(u) = u$ und $K(u) = H(u) = {}^1/_2\,u^2$. In allen anderen Fällen ist $\varphi_*(u) = h(u) - k(u)$ für $u > 0$ positiv; für $u < 0$ hat man $\varphi_*(u) = -k(-u) + h(-u) = \varphi_*(-u)$. Wir führen noch die Bezeichnung ein:

$$\Phi(u) = \int_0^u \varphi_*(s)\,ds;\ \Phi(-u) = -\Phi(u).$$

Wenn $0 \leqq u \leqq \varepsilon$ ist, können wir abschätzen

$$k_\varepsilon'^2 u \leqq k(u),\ h(u) \leqq k_\varepsilon''^2 u,\ \varphi_*(u) \leqq (k_\varepsilon''^2 - k_\varepsilon'^2)u$$

$$\Phi(u) \leqq \tfrac{1}{2}(k_\varepsilon''^2 - k_\varepsilon'^2)\,u^2$$

Für später sind die folgenden Beziehungen nützlich:

$$\lim_{u\to+0}\frac{\sqrt{H(u)}}{u} = \left\{\lim_{u\to+0}\frac{H(u)}{u^2}\right\}^{1/2} = \left\{\lim_{u\to+0}\frac{h(u)}{2u}\right\}^{1/2} = \{\lim_{u\to+0}\ \tfrac{1}{2}\operatorname*{Max}_{-A-u\leqq x\leqq A} G'(x+\vartheta u)\}^{1/2} = k_0''/\sqrt{2}$$

$$\lim_{u\to+0}\frac{\sqrt{K(u)}}{u} = \{\lim_{u\to+0}\ \tfrac{1}{2}\operatorname*{Min}_{-A-u\leqq x\leqq A} G'(x+\vartheta u)\}^{1/2} = k_0'/\sqrt{2}$$

Wir denken uns von vornherein ε so klein, daß die stetigen Funktionen $\sqrt{H(u)}/u$ und $\sqrt{K(u)}/u$ den Bedingungen

---

1) Sind die Voraussetzungen erst einmal für einen Wert ε erfüllt, so gelten sie auch für jeden kleineren Wert; denn bei einer Verringerung von ε braucht man die Konstante D_ε überhaupt nicht abzuändern. Für lineare Systeme $[G(x) = x,\ F(y) = 2Dy]$ bedeutet die Abschätzung (15) keine Einschränkung.

$$2D_\varepsilon \leqq \sqrt{H(u)}/u, \tag{16}$$

$$\frac{\sqrt{H(u)}-\sqrt{K(u)}}{u} \leqq (k_0''-k_0')/\sqrt{2}+\tfrac{1}{2}\{D_\varepsilon-(k_0''-k_0')/\sqrt{2}\}=\tfrac{1}{2}\{D_\varepsilon+(k_0''-k_0')/\sqrt{2}\} \tag{17}$$

genügen.

Schließlich benötigen wir noch die Hilfsfunktionen

$$w_+(u,v)=\tfrac{1}{2}v^2+K(u) \quad \text{für } v \geqq 0; \tag{18}$$

$$w_-(u,v)=\tfrac{1}{2}v^2+H(u) \quad \text{für } v \leqq 0; \tag{19}$$

$$w_+(-u,-v)=w_-(u,v). \tag{20}$$

Es gilt für $v \geqq 0$

$$\frac{d}{dt}w_+(u,v)=vv'+k(u)v \leqq v\{v'+(G(x+u)-G(x))\}$$

und für $v \leqq 0$·

$$\frac{d}{dt}w_-(u,v)=vv'+h(u)v \leqq v\{v'+(G(x+u)-G(x))\}.$$

Wir müssen nun verschiedene Fälle unterscheiden. Dazu bezeichnen wir die Zeitintervalle, in denen die Gleichung

$$x''+F(x')+\mu\operatorname{sgn}x'+G(x)=E(t)$$

bzw.

$$\bar{x}''+F(\bar{x}')+\mu\operatorname{sgn}\bar{x}'+G(\bar{x})=E(t)+R(\bar{x}-x,\bar{x}'-x',t)$$

erfüllt ist (Bewegungsintervalle), mit i bzw. $\bar{i}$ oder (wenn wir die Bewegungsrichtung betonen wollen) mit i_+, i_- bzw. $\bar{i}_+$, $\bar{i}_-$. Die Zeitabschnitte, in denen die Bedingung

$$x'=0,\ E(t)-\mu \leqq G(x) \leqq E(t)+\mu$$

bzw.

$$\bar{x}'=0,\ E(t)+R(\bar{x}-x,\bar{x}'-x',t)-\mu \leqq G(\bar{x}) \leqq E(t)+R(\bar{x}-x,\bar{x}'-x',t)+\mu$$

besteht, (Stillstandsintervalle) nennen wir i_0 bzw. $\bar{i}_0$.

1. Der Zeitpunkt, für den wir die Größe

$$v\{v'+(G(x+u)-G(x))\}$$

abschätzen wollen, liegt am Anfang oder im Innern eines Intervalles $i \cap \bar{i}$. Dann gilt

$$v'+(F(y+v)-F(y))+\mu(\operatorname{sgn}(y+v)-\operatorname{sgn}y)+(G(x+u)-G(x))=R(u,v,t)$$

$$v\{v'+(G(x+u)-G(x))\} \leqq -v(F(y+v)-F(y))+vR(u,v,t)$$

2. Der Zeitpunkt liegt am Anfang oder im Innern eines Intervalles $i_0 \cap \bar{i}_0$. Dann gilt

$$v\{v'+(G(x+u)-G(x))\}=0=-v(F(y+v)-F(y))+vR$$

3. Der Zeitpunkt liegt am Anfang oder im Innern eines Intervalles $i_0 \cap \bar{i}$. Dann gilt

$$v'+F(v)+\mu\operatorname{sgn}v+(G(x+u)-G(x))=E(t)+R(u,v,t)-G(x)$$

$$\begin{aligned} v\{v'+(G(x+u)-G(x))\} &= -v(F(y+v)-F(y))+vR-v\operatorname{sgn}v\{\mu-\operatorname{sgn}v(E(t)\\ &\quad -G(x))\} \leqq -v(F(y+v)-F(y))+vR \end{aligned}$$

4. Der Zeitpunkt liegt am Anfang oder im Innern eines Intervalles $i \cap \bar{i}_0$. Dann gilt

$$v'-F(-v)+\mu\operatorname{sgn}v-G(x)+G(x+u)=G(x+u)-E(t)$$

$$\begin{aligned} v\{v'+(G(x+u)-G(x))\} &= -v(F(y+v)-F(y))-v\operatorname{sgn}v\{\mu+\operatorname{sgn}v(E(t)-G(x+u))\}\\ &\leqq -v(F(y+v)-F(y))+vR \end{aligned}$$

Demnach gilt in jedem Moment

$$v\{v' + (G(x+u) - G(x))\} \leqq -|v|\, 2D_\varepsilon |v| + |v|\,|R|$$
$$\leqq -2D_\varepsilon v^2 + |v|\eta, \tag{21}$$

wenn $|R(u, v, t)| \leqq \eta$ ausfüllt; dabei ist $|v| \leqq \varepsilon$ angenommen. Also gilt erst recht

$$\frac{d}{dt} w_+(u, v) \leqq -2D_\varepsilon v^2 + \eta v \quad \text{für } v \geqq 0 \tag{22}$$

$$\frac{d}{dt} w_-(u, v) \leqq -2D_\varepsilon v^2 - \eta v \quad \text{für } v \leqq 0 \tag{23}$$

Die rechten Seiten der beiden Ungleichungen gehen — wie die Funktionen w_+ und w_- selbst — durch Spiegelung am Ursprung der uv-Ebene ineinander über. Daraus ergibt sich, daß es genügt, wenn wir den gesuchten Weg, der auf Grund von (22) und (23) entworfen werden soll, nur in der oberen Halbebene konstruieren; trifft er dort in genau zwei Punkten $u_A > 0$ und $-u_A$ auf die u-Achse, so entsteht die untere Weghälfte durch Spiegelung der oberen am Ursprung.

Statt den Weg in der uv-Ebene zu zeichnen, bilden wir die obere Hälfte in der oberen Halbebene (u, w_+) und die untere Hälfte in der oberen Halbebene (u, w_-) ab. Um das Bild der oberen Weghälfte herzustellen, benötigen wir die für $v \geqq v_0 \geqq 0$ gültige Abschätzung

$$w'_+ \leqq -2\, D_\varepsilon\, v_0\, v + \eta v = -(2D_\varepsilon\, v_0 - \eta)\, u'$$
$$\{w_+ + (2D_\varepsilon\, v_0 - \eta)\, u\}' \leqq 0. \tag{24}$$

Wir werden die Abbildung aus Geradenstücken

$$w_+ + (2D_\varepsilon\, v_0 - \eta)\, u = \text{Konst}$$

(bei geeigneter Wahl der Konstanten v_0) zusammensetzen und somit in Form eines Streckenzuges gewinnen.

Den Entwurf, den wir jetzt darlegen, veranschaulicht Abb. 2, und Abb. 3 zeigt die Abbildung des gesamten Weges.

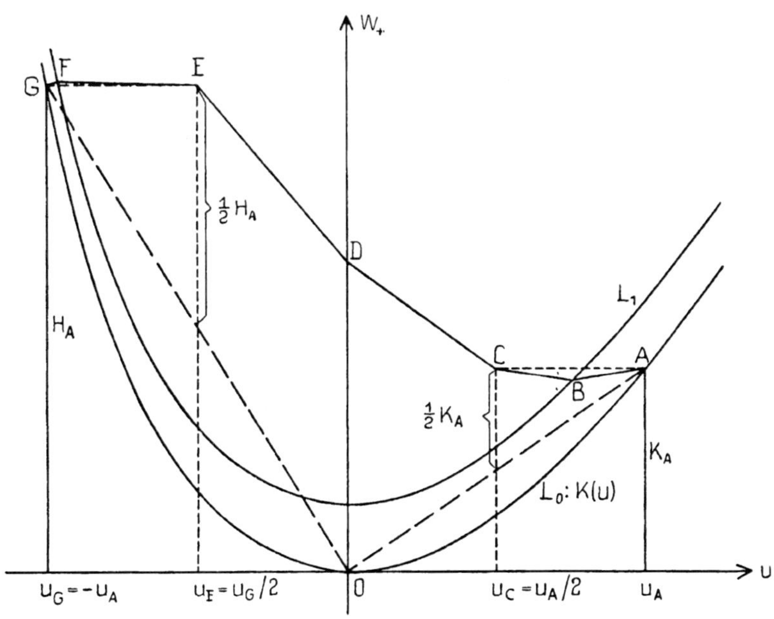

Abb. 2

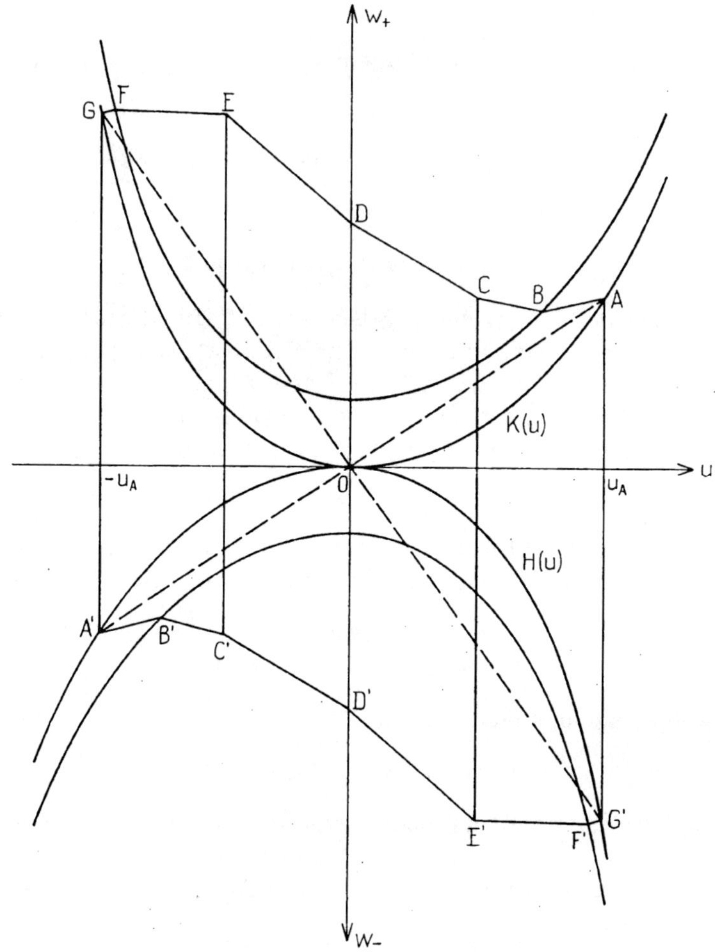

Abb. 3

Einmal wird $v_0 = 0$ und zum anderen $v_0 = \eta/D_\varepsilon$ angenommen; dann kann man die Geraden

$$w_+ = \eta\, u + \text{Konst} \quad \text{für } v \geqq 0$$

und

$$w_+ = -\,\eta\, u + \text{Konst} \quad \text{für } v \geqq \eta/D_\varepsilon$$

zur Konstruktion verwenden.

Um die beiden v-Intervalle in der Ebene (u, w_+) zu markieren, tragen wir dort außer der Kurve

$$v = 0: \; w_+ = K(u) \; (L_0)$$

noch die Kurve

$$v = \eta/D_\varepsilon: \; w_+ = K(u) + \frac{\eta^2}{2 D_\varepsilon^2} \; (L_1)$$

ein.

Auf L_1 wählen wir den Ausgangspunkt B mit der Abszisse

$$u_B = \frac{\varepsilon}{4(1 + k''_\varepsilon)} + \frac{2\eta}{\mathrm{Min}(k'^2_\varepsilon, D^2_\varepsilon)}.$$

Dort ist

$$k(u_B) \geqq k'^2_\varepsilon\, u_B > 2\eta.$$

Den Punkt B verbinden wir nach rechts durch die Strecke

$$w_+ = w_{+B} + \eta(u - u_B)$$

mit der Kurve L_0 und erreichen sie an der Stelle A. Wir haben dann

$$w_{+A} = w_{+B} + \eta(u_A - u_B),\ K(u_A) - K(u_B) = \eta(u_A - u_B) + \frac{\eta^2}{2D_\varepsilon^2}$$

$$u_A - u_B < \frac{\eta}{2D_\varepsilon^2}.$$

Daraus folgt

$$u_A < \frac{5\eta}{2\,\mathrm{Min}(k_\varepsilon'^2, D_\varepsilon^2)} + \frac{\varepsilon}{4(1 + k_\varepsilon'')}.$$

Wir sorgen dafür, daß

$$u_A \leqq \frac{\varepsilon}{2(1 + k_\varepsilon'')} < \frac{\varepsilon}{2}$$

wird, indem wir

$$\eta \leqq \frac{\mathrm{Min}(k_\varepsilon'^2, D_\varepsilon^2)}{10(1 + k_\varepsilon'')}\,\varepsilon$$

wählen.

Nach links verbinden wir den Punkt B geradlinig mit dem Punkt $C(u_A/2, K_A)$. Wir behaupten, daß die (negative) Steigung dieser Strecke nicht kleiner als $-\eta$ ist. Das würde aus der Ungleichung $u_B > 3u_A/4$ folgen. Nun gilt

$$u_B > u_A - \frac{\eta}{2D_\varepsilon^2} \geqq \frac{3}{4}\,u_A,$$

wenn

$$u_A \geqq \frac{2\eta}{D_\varepsilon^2}\,.$$

Diese Abschätzung besteht aber, weil sie bereits für u_B stimmt.

Auf L_0 gehen wir jetzt von der Stelle G mit der Abszisse $-u_A$ aus und verbinden sie durch eine Strecke der Steigung η mit L_1; wir erhalten den Punkt F. Es wird behauptet: $u_F < -u_B$.

Zum Beweis betrachten wir die Strecke zwischen G und dem Punkt F' auf L_1 mit der Abszisse $-u_B$; wir berechnen ihre Steigung γ.

$$H(u_B) + \frac{\eta^2}{2D_\varepsilon^2} + \gamma(-u_A + u_B) = H(u_A)$$

$$\frac{\eta^2}{2D_\varepsilon^2} + \gamma(-u_A + u_B) = (K(u_A) - K(u_B)) + (\Phi(u_A) - \Phi(u_B)) > \frac{\eta^2}{2D_\varepsilon^2} + \eta(u_A - u_B)$$

$$\gamma < -\eta,$$

d. h. F' liegt rechts von F.

Demzufolge ist $u_F < -3u_A/4$, und F wird mit dem Punkt $E(-u_A/2, H_A)$ durch eine Gerade verbunden, deren (negative) Steigung größer als $-\eta$ ist.

Um nun den Streckenzug zwischen den Punkten E und C zu schließen, verfahren wir folgendermaßen. Die Strecke $\overline{OA}$, die zwischen O und A oberhalb der Kurve L_0 verläuft, halbiert die Ordinate K_A des Punktes C; ebenso halbiert die Strecke $\overline{OG}$, die zwischen O und G über L_0 liegt, die Ordinate H_A des Punktes E. Wenn wir den Punkt C mit einem nicht tiefer gelegenen Punkt D der w_+-Achse geradlinig verbinden, so daß für die Steigung γ_C der Geraden

$$0 \geqq \gamma_C \geqq -(2D_\varepsilon\sqrt{K_A} - \eta)$$

gilt, dann haben wir dort [auf Grund von (24) mit $v_0 = \sqrt{K_A}$]

$$\frac{d}{dt}\{w_+ + (2D_\varepsilon\sqrt{K_A} - \eta)\,u\} \leqq 0.$$

Die Gerade paßt deshalb in unseren Streckenzug.

Wir sorgen dafür, daß der Punkt D nicht höher als E liegt und verbinden beide Punkte durch eine Gerade der Steigung γ_E,

$$0 \geqq \gamma_E \geqq -(2D_\varepsilon\sqrt{H_A} - \eta).$$

Auf der Geraden gilt [wegen (24) mit $v_0 = \sqrt{H_A}$]

$$\frac{d}{dt}\{w_+ + (2D_\varepsilon\sqrt{H_A} - \eta)\, u\} \leqq 0,$$

sofern auf ihr $v^2/2 \geqq H_A/2$ oder (was auf dasselbe hinausläuft) $\overline{OD} \geqq H_A/2$ ist. Diese Ungleichung schreiben wir ausführlich hin:

$$H_A - (2D\sqrt{H_A} - \eta)\frac{u_A}{2} \geqq \frac{H_A}{2}$$

oder

$$\left(2D_\varepsilon - \frac{\eta}{\sqrt{H_A}}\right) u_A \leqq \sqrt{H_A}$$

oder

$$2D_\varepsilon \leqq \frac{\sqrt{H_A}}{u_A} + \frac{\eta}{\sqrt{H_A}}.$$

Das trifft nach (16) zu.

Wir müssen noch zeigen, daß man durch geeignete Bestimmung der Zahlen γ_C und γ_E in den für sie angegebenen Intervallen die Beziehung

$$(\gamma_C + \gamma_E)\frac{u_A}{2} = -(H_A - K_A) = -\Phi_A$$

erfüllen kann. Sie besagt, daß die beiden Strecken $\overline{CD}$, $\overline{ED}$ den Höhenunterschied zwischen G und A ausgleichen können. Zu dem Zweck brauchen wir nur zu zeigen:

$$\{-(2D_\varepsilon\sqrt{H_A} - \eta) - (2D_\varepsilon\sqrt{K_A} - \eta)\}\frac{u_A}{2} \leqq -\Phi_A,$$

$$D_\varepsilon\, u_A(\sqrt{H_A} + \sqrt{K_A}) - \eta u_A \geqq \Phi_A,$$

$$D_\varepsilon \geqq (\sqrt{H_A} - \sqrt{K_A})/u_A + \eta(\sqrt{H_A} + \sqrt{K_A}).$$

Die letzte Ungleichung ergibt sich aber nach (17) aus

$$D_\varepsilon \geqq \frac{1}{2}\left(D_\varepsilon + \frac{k_0'' - k_0'}{\sqrt{2}}\right) + \frac{\eta}{\sqrt{H_A} + \sqrt{K_A}},$$

und das folgt wegen

$$u_A > \frac{\varepsilon}{4(1 + k_\varepsilon'')}$$

wiederum aus

$$D_\varepsilon \geqq \frac{1}{2}\left(D_\varepsilon + \frac{k_0'' - k_0'}{\sqrt{2}}\right) + \frac{3(1 + k_\varepsilon'')}{\varepsilon k_\varepsilon'}\eta.$$

Hieraus entsteht eine weitere Einschränkung für η:

$$\eta \leqq \left(D_\varepsilon - \frac{k_0'' - k_0'}{\sqrt{2}}\right)\frac{k_\varepsilon'\varepsilon}{6(1 + k_\varepsilon'')}.$$

Nunmehr sind wir mit der Konstruktion des Streckenzuges, der das Bild der oberen Weghälfte darstellt, fertig und haben nur noch zu zeigen, daß diese nicht über das Quadrat $|u| \leqq \varepsilon$, $|v| \leqq \varepsilon$ hinausragt.

Daß $u_A \leqq \varepsilon$ ist, wurde bereits erwähnt. Offenbar gilt längs des gezeichneten Streckenzuges

$$\frac{v^2}{2} \leqq H_A \leqq H\left(\frac{\varepsilon}{2(1 + k_\varepsilon'')}\right) < H\left(\frac{\varepsilon}{k_\varepsilon''}\right) \leqq \frac{\varepsilon^2}{2}, \text{ d. h. } v \leqq \varepsilon.$$

Wir berechnen schließlich die Größe $\delta = \delta(\varepsilon)$, die den Bereich der zulässigen Anfangswerte $u(0)$, $v(0)$ kennzeichnet. Man sieht, daß auf unserem Weg für $|u| \leqq u_B$ die Abschätzung $v^2/2 \geqq K_A/2$ gilt.

Wir haben aber

$$u_B > \frac{\varepsilon}{4(1+k''_\varepsilon)}$$

und daher

$$\frac{1}{2} K_A > \frac{1}{4} \frac{\varepsilon^2 k'^2_\varepsilon}{16(1+k''_\varepsilon)^2},$$

also

$$v > \frac{\varepsilon k'_\varepsilon}{8(1+k''_\varepsilon)}.$$

Folglich kann man

$$\delta = \frac{\varepsilon}{4(1+k''_\varepsilon)} \operatorname{Min}\left(1, \frac{k'_\varepsilon}{2}\right)$$

setzen.

3

Wir untersuchen wieder die Reaktion einer Reibungsbewegung auf eine Dauerstörung, nehmen diesmal aber an, daß die Störung nur in einer zeitlich schwankenden Vergrößerung des Reibungskoeffizienten besteht. Wir setzen demnach voraus, daß die ungestörte Bewegung durch die Beziehungen

$$x'' + F(x') + \mu \operatorname{sgn} x' + G(x) = E(t); \tag{25}$$

$$x'(t) = 0, \; E(t) - \mu \leqq G(x) \leqq E(t) + \mu$$

beschrieben wird und die gestörte Bewegung durch die Beziehungen

$$\bar{x}'' + F(\bar{x}') + \bar{\mu} \operatorname{sgn} \bar{x}' + G(\bar{x}) = E(t); \tag{26}$$

$$\bar{x}'(t) = 0, \; E(t) - \bar{\mu} \leqq G(\bar{x}) \leqq E(t) + \bar{\mu}$$

Dabei sei $\bar{\mu} = \bar{\mu}(t)$ eine stückweise stetige Funktion und

$$\mu \leqq \bar{\mu}(t) \leqq \mu_0; \; \mu_0 > \mu. \tag{27}$$

Für den Fall einer linearen Rückstellkraft, d. h.

$$G(x) = x, \tag{28}$$

soll gezeigt werden, daß die Koordinaten- und Geschwindigkeitsdifferenzen

$$u(t) = \bar{x}(t) - x(t), \; v(t) = \bar{x}'(t) - x'(t) = \bar{y}(t) - y(t)$$

mit beliebigen Anfangswerten

$$u_0 = \bar{x}(0) - x(0), \; v_0 = \bar{y}(0) - y(0)$$

letztlich zwischen festen, dem dynamischen System eigentümlichen Schranken variieren, die der Größe $(\mu_0 - \mu)$ proportional sind.

Der Beweis wird nach der üblichen Methode durchgeführt. In der uv-Ebene, wo die Funktionen $u(t)$, $v(t)$ nichtstationäre Phasenbahnen beschreiben, denkt man sich einen geschlossenen doppelpunktfreien Weg W so geschickt entworfen, daß keine Bahn im Zeitraum $t \geqq 0$

aus dem durch ihn begrenzten Bereich entweichen kann, während jede anfangs außerhalb liegende Bahn im Laufe der Zeit (wenigstens asymptotisch) zu ihm hinstrebt. Die geometrischen Daten dieses Weges liefern dann die gesuchten Schranken. Gilt nämlich auf dem Weg

$$u_1 \leqq u \leqq u_2,\ v_1 \leqq v \leqq v_2,$$

so kann man für jede gestörte Bewegung behaupten:

$$\underline{\lim}_{t\to+\infty} u(t) \geqq u_1,\ \overline{\lim}_{t\to+\infty} u(t) \leqq u_2,\ \underline{\lim}_{t\to+\infty} v(t) \geqq v_1,\ \overline{\lim}_{t\to+\infty} v(t) \leqq v_2. \tag{29}$$

Für den Entwurf von W bilden wir die Funktion

$$w(u, v) = \tfrac{1}{2}(u^2 + v^2) \tag{30}$$

und fragen nach ihrer totalen zeitlichen Ableitung auf Grund der Beziehungen (25) und (26). Dabei sind 4 Fälle zu unterscheiden, je nachdem ob der betrachtete Zeitpunkt am Anfang oder im Innern eines Zeitintervalles $i \cap \bar{i}$, $i_0 \cap \bar{i}_0$, $i \cap \bar{i}_0$ oder $i_0 \cap \bar{i}$ liegt.

$$\begin{aligned}1.\ w' = v(u + v') &= -v\{(F(y+v) - F(y)) + \bar{\mu}\operatorname{sgn}(y+v) - \mu\operatorname{sgn} y\}\\ &= -v(F(y+v) - F(y)) - \bar{\mu}\, v(\operatorname{sgn}(y+v) - \operatorname{sgn} y) - (\bar{\mu} - \mu)v\operatorname{sgn} y\\ &\leqq -2\,D\,v^2 + (\mu_0 - \mu)|v|.\end{aligned}$$

Hierbei wird vorausgesetzt, daß für $-\infty < \bar{y},\ y < +\infty$

$$|F(\bar{y}) - F(y)| \geqq 2D|\bar{y} - y|$$

ist, wobei $D = D_\infty$ eine positive Zahl ist.

$$2.\ w' = 0 = -2Dv^2 + (\mu_0 - \mu)|v|$$

$$\begin{aligned}3.\ w' &= v\{F(y) - \mu\operatorname{sgn} v + (x + u) - E(t)\}\\ &= -v(F(y+v) - F(y)) + |v|(\bar{\mu} - \mu)\\ &\quad - |v|\{\bar{\mu} - \operatorname{sgn} v(-E(t) + \bar{x})\}\\ &\leqq -2Dv^2 + (\mu_0 - \mu)|v|\end{aligned}$$

$$\begin{aligned}4.\ w' &= v(E(t) - F(v) - \bar{\mu}\operatorname{sgn} v - x)\\ &= -v(F(y+v) - F(y)) - (\bar{\mu} - \mu)|v|\\ &\quad - |v|\{\mu + \operatorname{sgn} v(x - E(t))\}\\ &\leqq -2Dv^2 + (\mu_0 - \mu)|v|.\end{aligned}$$

Daher gilt in jedem Augenblick

$$w' = \frac{d}{dt} w(u, v) \leqq -2Dv^2 + (\mu_0 - \mu)|v|. \tag{31}$$

Es kann aber vorkommen, daß w' gar nicht existiert; dann sind die einseitigen Ableitungen definiert, und für sie gilt (31).

Wir lehnen uns jetzt an die Resultate der Mitteilung [10] an und können uns etwas kurz fassen.

Für einen Phasenbahn-Bogen in der oberen uv-Halbebene besteht die Abschätzung

$$\frac{d}{du} w_+(u, v) \leqq -2Dv;\ w_+(u, v) = \frac{1}{2}\{(u - (\mu_0 - \mu))^2 + v^2\}, \tag{32}$$

so daß der betreffende Bogen die Lösungskurven der (projektiven) Differentialgleichung

$$\frac{d}{du} w_+(u, v) = -2Dv \tag{33}$$

nur in Richtung abnehmender Werte w_+ schneiden kann. Bei festem u nimmt w_+ ab, wenn v kleiner wird; also dringt die Bahn beim Schnitt mit einer Lösungskurve von (33) in das Gebiet zwischen dieser und der u-Achse ein. Ähnlich verhält sich ein Phasenbahn-Bogen in der unteren Halbebene. Dort hat man

$$\frac{d}{du} w_-(u, v) \geqq -2Dv; \; w_-(u, v) = \frac{1}{2}\{(u + (\mu_0 - \mu))^2 + v^2\}, \tag{34}$$

so daß der Bogen die Lösungskurven der (projektiven) Differentialgleichung

$$\frac{d}{du} w_-(u, v) = -2Dv \tag{35}$$

mit abnehmendem u nur zur u-Achse hin überqueren kann.

Gilt von einem bestimmten Zeitpunkt t_0 ab $v(t) = 0$, so entartet die Phasenbahn von da an in einen festen Punkt der u-Achse. Man hat demnach $u(t) = u_0$ für $t \geqq t_0$. Offenbar folgen auf den Moment t_0 nur noch Zeitintervalle $i \cap \bar{i}$ oder $i_0 \cap \bar{i}_0$; dabei muß natürlich $i = \bar{i}$ und $i_0 = \bar{i}_0$ sein. In den Intervallen vom ersten Typ gilt

$$0 = v' = -u_0 - (\bar{\mu} - \mu) \operatorname{sgn} y,$$

und daraus ergibt sich die Abschätzung

$$-(\mu_0 - \mu) \leqq u_0 \leqq +(\mu_0 - \mu).$$

In den Intervallen vom zweiten Typ gilt

$$x = x_0, \; E(t) - \mu \leqq x_0 \leqq E(t) + \mu;$$

$$E(t) - \bar{\mu} \leqq x_0 + u_0 \leqq E(t) + \bar{\mu}.$$

Hieraus kann man schließen

$$-(\mu_0 + \mu) \leqq u_0 \leqq +(\mu_0 + \mu).$$

Hat man $-(\mu_0 + \mu) \leqq u_0 < -(\mu_0 - \mu)$ oder $(\mu_0 - \mu) < u_0 \leqq (\mu_0 + \mu)$, so gehören die Zeiten $t \geqq t_0$ demzufolge einem Ruheintervall der ungestörten Bewegung an. Das widerspricht jedoch der Voraussetzung. Mögliche Endpunkte von Phasenbahnen müssen also im Abschnitt

$$|u| \leqq (\mu_0 - \mu)$$

der u-Achse liegen. Wir werden sehen, daß dieser Abschnitt dem Weg W angehört.

Das aus den Lösungen der beiden Differentialgleichungen

$$\frac{d}{du} w_+(u, v) = -2Dv, \; v \geqq 0; \; \frac{d}{du} w_-(u, v) = -2Dv, \; v \leqq 0$$

bestehende Kurvenbild, das bezüglich des Ursprungs symmetrisch ist, wurde in [10] eingehend untersucht. Es stellte sich heraus, daß die Kurven, in der oberen Halbebene von links nach rechts und in der unteren von rechts nach links verfolgt, alle auf der u-Achse enden. Genau ein Kurvenpaar der beiden Gleichungen schließt sich zu einem geschlossenen Weg W zusammen. Die übrigen Kurvenbögen, die man an ihren Endpunkten aneinandersetzt und im Sinne der Phasenbahnen orientiert, wickeln sich im Fall $D < 1$ spiralenförmig auf den Weg W auf, während sie im Fall $D \geqq 1$ spätestens beim zweiten Zusam-

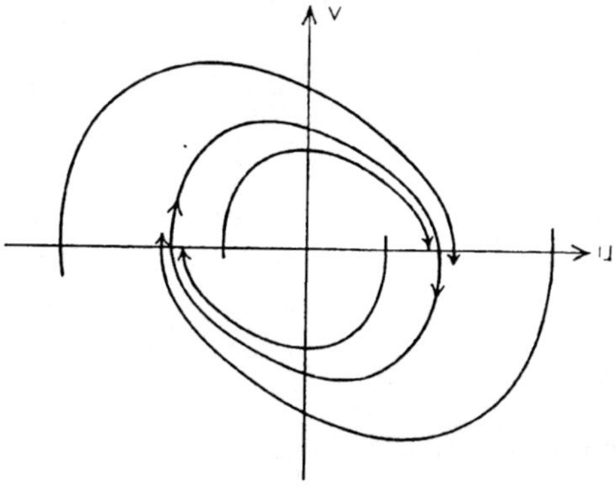

Abb. 4 $D < 1$

menstreffen mit der u-Achse auf einen der beiden Scheitelpunkte von W stoßen und dort in W übergehen. Abb. 4—6 veranschaulichen die Fälle $D < 1$, $D = 1$, $D > 1$. Die Abmessungen von W wurden in [10] berechnet:

$$-(\mu_0 - \mu)\,\varphi(D) \leqq u \leqq +(\mu_0 - \mu)\,\varphi(D) \tag{36}$$

$$-(\mu_0 - \mu)\,\psi(D) \leqq v \leqq +(\mu_0 - \mu)\,\psi(D) \tag{37}$$

$$\varphi(D) = \frac{\exp\{\pi D/\sqrt{1-D^2}\}+1}{\exp\{\pi D/\sqrt{1-D^2}\}-1} \text{ für } D < 1, \tag{38}$$
$$= 1 \quad \text{für } D \geqq 1.$$

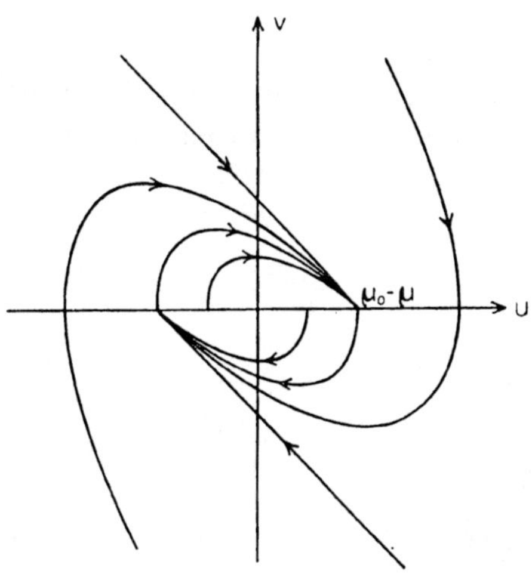

Abb. 5 $D = 1$

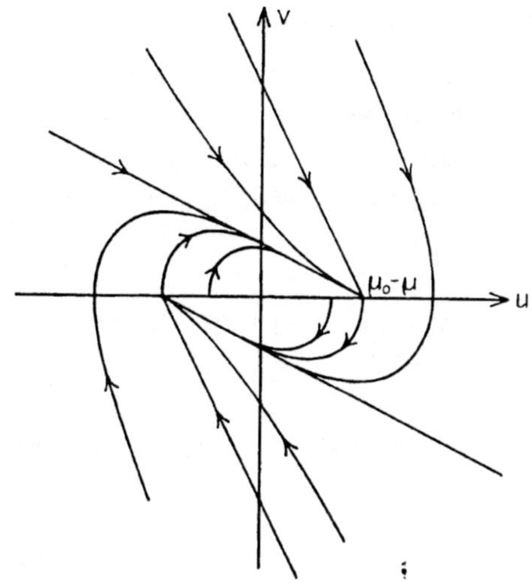

Abb. 6 $D > 1$

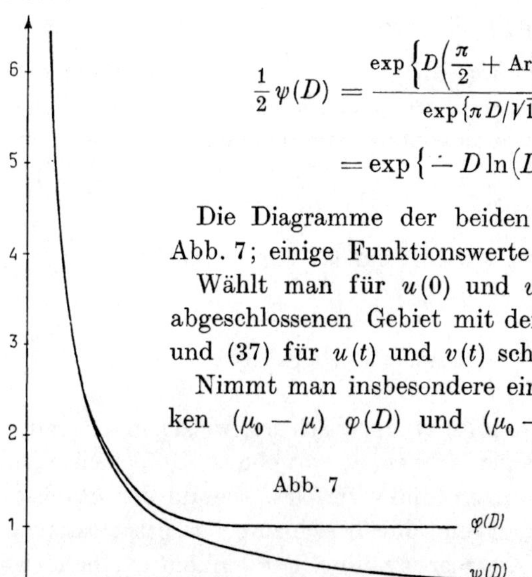

Abb. 7

$$\frac{1}{2}\,\psi(D) = \frac{\exp\left\{D\left(\frac{\pi}{2} + \operatorname{Arc\,sin} D\right)/\sqrt{1-D^2}\right\}}{\exp\{\pi D/\sqrt{1-D^2}\}-1} \quad \text{für } D < 1, \tag{39}$$
$$= \exp\left\{-D \ln\left(D + \sqrt{D^2-1}\right)/\sqrt{D^2-1}\right\} \quad \text{für } D \geqq 1.$$

Die Diagramme der beiden Funktionen $\varphi(D)$ und $\psi(D)$ sieht man in Abb. 7; einige Funktionswerte findet man in Tabelle 1.

Wählt man für $u(0)$ und $v(0)$ die Koordinaten eines Punktes aus dem abgeschlossenen Gebiet mit dem Rand W, so gelten die Abschätzungen (36) und (37) für $u(t)$ und $v(t)$ schon vom Zeitpunkt $t \geqq 0$ an.

Nimmt man insbesondere eine so kleine Differenz $\mu_0 - \mu$, daß die Schranken $(\mu_0 - \mu)\ \varphi(D)$ und $(\mu_0 - \mu)\ \psi(D)$ eine vorgeschriebene Zahl $\varepsilon > 0$ nicht übersteigen, und macht man $|u(0)| \leqq \delta$, $|v(0)| \leqq \delta$, wobei δ die Seitenlänge des größten in W enthaltenen Quadrats ist, so erreicht man

$$|u(t)| \leqq \varepsilon, \ |v(t)| \leqq \varepsilon \text{ für } t \geqq 0.$$

Demnach ist die ungestörte Bewegung stabil gegen Dauerstörungen der betrachteten Art, die auf einer Verstimmung des Reibungskoeffizienten beruhen.

Tabelle 1

D	$\varphi(D)$	$\psi(D)$	D	$\varphi(D)$	$\psi(D)$
0	∞	∞	0,7	1,10	0,96
0,1	6,4	6,38	0,8	1,03	0,86
0,15	4,28	4,26	0,9	1,00	0,79
0,2	3,22	3,18	1	1	0,74
0,25	2,60	2,56	1,2	1	0,65
0,3	2,18	2,14	1,4	1	0,58
0,35	1,89	1,84	1,6	1	0,52
0,4	1,68	1,62	1,8	1	0,48
0,5	1,39	1,31	2	1	0,44
0,6	1,21	1,10	∞	1	0
$D \ll 1,\ \varphi(D) \approx \psi(D) \approx 2 / D\pi$					

Schließlich kann man während der Bewegung $\bar{\mu} = \mu$ und bei einem Stillstand $\bar{\mu} = \mu_0$ setzen; dann unterliegt der Schwinger einer Haftreibung, die stärker als die Gleitreibung ist. Ein solches Schwinger-Modell gibt den wahren Charakter der Festreibung wieder [1, 8], während durch die Annahme $\mu_0 = \mu$ eine Verfälschung entsteht. Bei diesem Modell könnte man auch eine so übersichtliche Struktur der Bewegungsmannigfaltigkeit erwarten wie im Fall $\mu_0 = \mu$, wo sämtliche Bewegungen asymptotisch stabil im Ganzen sind und bei periodischer Erregung $E(t)$ zu einer eindeutig bestimmten erzwungenen Schwingung hinstreben. Auf Grund unserer bisherigen Untersuchungen gilt diese Aussage für das Bewegungsbild des neuen Modells aber nur bis auf einen Fehler der Größenordnung $(\mu_0 - \mu)$, der durch die Ungleichungen (36) und (37) festgelegt ist. Wie groß der Fehler in der Praxis ist, soll ein Zahlenbeispiel zeigen.

Wir betrachten eine Masse, die längs einer horizontalen Schiene an einer Schraubenfeder schwingt, mit einem Dämpfer ausgestattet ist und periodisch angeregt wird (Abb. 8).

Ist G das Gewicht des Körpers, so beträgt die Haftreibung

$$R_0 = f_0 G$$

und die Gleitreibung

$$R = fG.$$

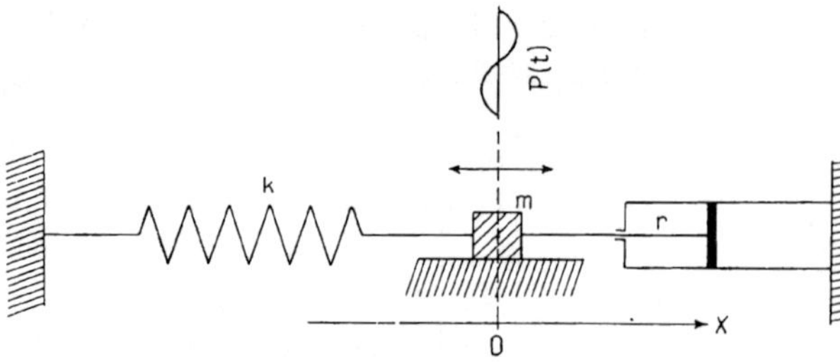

Abb. 8

Für das Material Stahl (auf Stahlunterlage) findet man in [1], S. 187 die Angaben: $f_0 = 0{,}15$, $f = 0{,}03$ bis $0{,}09$ (wir nehmen hier den Mittelwert 0,06). Wenn $G = 1$ kp beträgt, erhalten wir $R_0 = 150\,p$ und $R = 60\,p$.

Für den (dimensionslosen) Dämpfungsfaktor D nehmen wir einmal den Wert 0,5 und zum anderen den Wert 0,1.

An der Feder bewirke eine Zug- oder Druckkraft von 5 kp eine Längenänderung von 1 cm, so daß die Federkonstante $k = 5$ kp/cm ist.

Die Erregerkraft arbeite nach einem harmonischen Zeitgesetz, so daß wir sie als $P(t') = P_0 \sin \Omega t'$ annehmen können; hierbei sei $P_0 = 50$ kp. Dann ruft die statische Kraft P_0 eine Federdehnung von 10 cm hervor.

Die Zeit bezeichnen wir mit t' und behalten uns t für eine geeignete dimensionslose Zeitskala vor.

Die Schwingungsgleichung lautet

$$m\ddot{x} + r\dot{x} + R \operatorname{sgn} \dot{x} + kx = P_0 \sin \Omega t',$$

$$r = 2D\sqrt{mk} = 0{,}071 \text{ (bzw. } 0{,}014) \text{ kp s/cm}.$$

Mit der dimensionslosen Zeitskala $t = \omega t'$ $(\omega = \sqrt{k/m})$ nimmt die Bewegungsgleichung die Gestalt an:

$$x'' + 2Dx' + \mu \operatorname{sgn} x' + x = E_0 \sin\left(\frac{\Omega t}{\omega}\right),$$

$\mu = 0{,}012$ cm $(\mu_0 = 0{,}03$ cm$)$, $E_0 = 10$ cm.

Wir berechnen

$$\varphi(0{,}5) = 1{,}39 \qquad \psi(0{,}5) = 1{,}31$$

$$\varphi(0{,}1) = 6{,}4 \qquad \psi(0{,}1) = 6{,}38$$

Nun vergleichen wir eine Bewegung $x(t)$ des betrachteten Schwingers mit der (zur gleichen Anfangsstörung gehörigen) Bewegung $X(t)$ des vereinfachten Modells, dessen Haftreibung nur so stark wie die Gleitreibung $(= R)$ vorausgesetzt wird. Für die Differenzen

$$u(t) = x(t) - X(t), \quad v(t) = x'(t) - X'(t)$$

schreiben wir die (im Zeitraum $t \geqq 0$ gültigen) Abschätzungen (36) und (37) explizit hin:

$$|u(t)| \leqq \varphi(0{,}5) \cdot 0{,}018 \text{ cm} = 0{,}025 \text{ cm}$$
$$\text{bzw. } \varphi(0{,}1) \cdot 0{,}018 \text{ cm} = 0{,}115 \text{ cm}$$

$$|v(t)| \leqq \psi(0{,}5) \cdot 0{,}018 \text{ cm} = 0{,}024 \text{ cm}$$
$$\text{bzw. } \psi(0{,}1) \cdot 0{,}018 \text{ cm} = 0{,}115 \text{ cm}$$

$$\text{oder } \left|\frac{d}{dt'} u(t')\right| \leqq 1{,}68 \text{ cm/s bzw. } 8{,}05 \text{ cm/s}$$

$$(\text{denn } d/dt' = \omega\, d/dt,\ \omega = 70 \text{ s}^{-1}).$$

Bei ganz starker zäher Dämpfung, $D \gg 1$, hätte man

$$|u(t)| \leqq 0{,}018 \text{ cm, aber } v(t) \approx 0.$$

Man erkennt mühelos, daß man die gewonnenen Resultate auch auf die folgende Überlegung anwenden kann.

Die ungestörte Bewegung genügt den Beziehungen (25) und die gestörte der Differentialgleichung (26) mit $\bar{\mu} = 0$. Dann hat man im Falle $G(x) = x$ an Stelle von (31)

$$w' \leqq -2Dv^2 + \mu v \operatorname{sgn} v, \tag{40}$$

und man kommt nach der zuvor erörterten Methode zu den Abschätzungen

$$|u(t)| \leqq \varphi(D)\mu, \quad |v(t)| \leqq \psi(D)\mu. \tag{41}$$

Diese gelten für $t \geqq 0$, wenn die beiden miteinander verglichenen Bewegungen durch dieselbe Anfangsstörung hervorgerufen werden. Sie geben an, um welchen Betrag sich die Lösungen $x(t)$ der linearen Schwingungs-Differentialgleichung

$$x'' + 2Dx' + x = E(t)$$

ändern können, wenn man auf der linken Seite der Gleichung das der COULOMBschen Reibung entsprechende Glied

$$\mu \operatorname{sgn} x'$$

hinzufügt. So hat man bei dem durchgerechneten Zahlenbeispiel

$$|u(t)| \leqq \varphi(0{,}5) \cdot 0{,}012 \text{ cm} = 0{,}017 \text{ cm bzw. } \varphi(0{,}1) \cdot 0{,}012 \text{ cm} = 0{,}077 \text{ cm}$$

$$|v(t)| \leqq \psi(0{,}5) \cdot 0{,}012 \text{ cm} = 0{,}016 \text{ cm bzw. } \psi(0{,}1) \cdot 0{,}012 \text{ cm} = 0{,}077 \text{ cm}$$

oder $\omega\,|v(t)| \leqq 1{,}12$ cm/s bzw. 5,39 cm/s.

4

Jetzt soll gezeigt werden, daß jede Bewegung des Schwingers, der durch die Beziehungen (25) mit nichtlinearem Glied $G(x)$ beschrieben wird, hinsichtlich einer einmaligen Störung asymptotisch stabil (im Kleinen) ist und daß bei periodischer Erregung wenigstens eine erzwungene Schwingung existiert. Zu diesem Zweck können wir uns auf die früheren Resultate bezüglich der Stabilität bei ständig wirkenden Störungen stützen; denn diese umfaßt (bei identisch verschwindendem Störglied) die Stabilität hinsichtlich einer Anfangsstörung, so daß nur noch die Beziehungen

$$\lim_{t\to\infty} (\bar{x}(t) - x(t)) = 0, \quad \lim_{t\to\infty} (\bar{y}(t) - y(t)) = 0 \tag{42}$$

bewiesen werden müssen. Indessen liefert unsere Untersuchungsmethode die „schwache" Stabilität als Nebenresultat, so daß wir von den früheren Voraussetzungen (in 2) unabhängig sind.

Die ungestörte Bewegung $x(t)$, deren asymptotische Stabilität erörtert werden soll, ist bekanntlich für $t \geqq 0$ beschränkt:

$$-A \leqq x(t) \leqq +A, \quad -B \leqq y(t) \leqq +B.$$

Wir setzen wieder voraus, daß $G(x)$ stetig differenzierbar ist und daß in $[-A, +A]$

$$\operatorname{Max} G'(x) = k_0''^2, \operatorname{Min} G'(x) = k_0'^2$$

ist. Ferner nehmen wir

$$\frac{F(\bar{y}) - F(y)}{\bar{y} - y} \geqq 2D$$

an, wobei in einem Intervall $[-B - \varepsilon, +B + \varepsilon]$, $\varepsilon > 0$, für $D = D_\varepsilon$ die Abschätzung

$$2D_\varepsilon > k_0''^2/2k_0' \tag{43}$$

bestehen soll.

Weil die Funktion

$$\frac{H(u)}{u\sqrt{2K(u)}}$$

stetig ist und für $u \to +0$ den Grenzwert $k_0''^2/2k_0'$ besitzt, läßt sich die Schranke ε nachträglich so verringern, daß für $0 \leqq u \leqq \varepsilon$ die Ungleichung

$$2D_\varepsilon \geqq H(u)/[u\sqrt{2K(u)}] \tag{44}$$

erfüllt ist.

Außer der ungestörten Bewegung $x(t)$, $x'(t) = y(t)$ betrachten wir noch eine gestörte Bewegung $\bar{x}(t) = x(t) + u(t)$, $\bar{x}'(t) = \bar{y}(t) = y(t) + v(t)$, die der ersten hinreichend benachbart sein soll:

$$|u(0)| \leqq \delta, \ |v(0)| \leqq \delta,$$

wo $\delta > 0$ erst nachher festgelegt wird.

Wir verfolgen in der uv-Ebene die Bahn mit der Parameterdarstellung $u(t)$, $v(t)$. Sie windet sich unendlich oft im Uhrzeigersinn um den Ursprung, sofern sie nicht nach endlicher Zeit in diesen hineinläuft. (Das wollen wir später beweisen.) Im Quadrat $|u| \leqq \varepsilon$, $|v| \leqq \varepsilon$ wird eine Spirale konstruiert, die im Uhrzeigersinn gegen den Ursprung konvergiert und von der Bahn nicht nach außen überschritten werden kann. Damit werden die Gleichungen (42) schon bewiesen.

Als Ausgangspunkt der Spirale wählen wir einen Punkt $-u_1 < 0$ der u-Achse; dabei sei $u_1 \leqq \varepsilon$, $\sqrt{2H(u_1)} \leqq \varepsilon$. Wir bestimmen außerdem den Wert $u_2 > 0$ aus der Gleichung

$$H(u_2) + K(u_2) = H(u_1),$$

finden also $u_2 < u_1$ (s. Abb. 9). Danach setzen wir $v_0 = \sqrt{2K(u_2)}$. Den ersten Spiralenbogen ziehen wir von $P_1(-u_1, 0)$ durch die obere Halbebene bis $P_2(u_2, 0)$ nach folgender Vorschrift:

$w_+(u, v) = H(-u) + v^2/2 = H(u_1)$ für $-u_1 \leqq u \leqq -u_2$; dann ist offenbar $v(-u_2) = v_0$.

$w_+(u, v) + 2D^{(2)}v_0 u = \{H(u_2) + K(u_2)\} - 2D^{(2)}v_0 u_2$, wobei

$2D^{(2)} = H(u_2)/[u_2\sqrt{2K(u_2)}]$ gesetzt wird, für $-u_2 \leqq u \leqq 0$; dann ist $v(0) = v_0$.

$w_+(u, v) = K(u_2)$ für $0 \leqq u \leqq u_2$; dann ist $v(u_2) = 0$.

Beachten wir $D^{(2)} \leqq D_\varepsilon$, so finden wir aus (24) mit $\eta = 0$, daß keine Phasenbahn den Spiralenbogen nach außen durchdringen kann, falls auf seinem mittleren Teil zwischen $u = -u_2$ und $u = 0$ $v \geqq v_0$ ausfällt. Das erkennt man am besten, wenn man den Bogen in der uw_+-Ebene abbildet (Abb. 10). Weil die Kurve $w_+ = K(u) + v_0^2/2$ beiderseits der vertikalen Achse mit streng monoton wachsendem Betrag der Steigung nach oben geht, kann sie die dem mittleren Bogenstück entsprechende Sehne nur in den beiden Endpunkten (bei u

$= -u_2$ und $u = 0$) schneiden. Längs der Sehne ist $v^2/2 < H(u_1)$, so daß auf dem gesamten Streckenzug $v < \varepsilon$ gewährleistet ist.

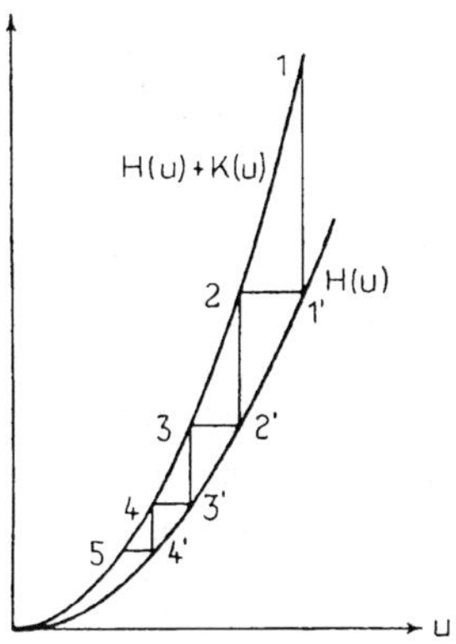

Abb. 9

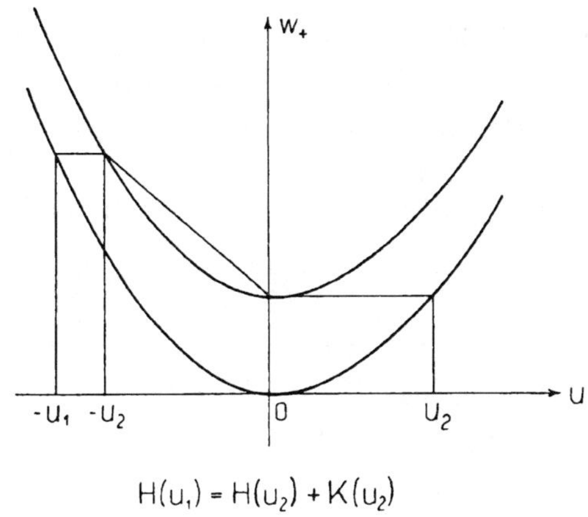

Abb. 10

Den konstruierten Bogen $\widehat{P_1 P_2}$ setzt man ganz analog mit Hilfe der Funktion $w_-(u, v)$ in der unteren uv-Halbebene fort und bekommt den Bogen $\widehat{P_2 P_3}$.

Durch sukzessive Anwendung des Konstruktionsverfahrens gewinnt man eine Folge von Bögen $\widehat{P_n P_{n+1}}$, $n = 1, 2, 3, \ldots$ Wie man sich die Abszissen für die Anfangspunkte dieser Bögen $(-u_1, u_2, -u_3, \ldots)$ leicht verschaffen kann, zeigt Abb. 9. Daraus wird deutlich, daß $u_n \to 0$ für $n \to \infty$. Aus

$$\lim_{n\to\infty} u_n = a > 0$$

folgt nämlich

$$H(a) + K(a) = H(a),$$

d. h. $K(a) = 0$; das ist aber falsch.

Als Schranke δ für die Anfangsstörung $u(0)$, $v(0)$ [die außer den Gleichungen (42) auch die Abschätzungen (13) liefert] bestimmen wir jetzt die halbe Seite des größten Quadrats um den Ursprung, das der Spiralenbogen $P_1 P_2 P_3$ umfaßt.

Da der Wert δ im wesentlichen nur durch unsere Konstruktion und diese wiederum durch die Schranken A, B der ungestörten Bewegung $x(t)$ beeinflußt wird, hat δ eine noch weitergehende Bedeutung. Gilt nämlich in irgendeinem Moment $t_0 \geqq 0$

$$|\bar{x}(t_0) - x(t_0)| \leqq \delta, \; |\bar{y}(t_0) - y(t_0)| \leqq \delta,$$

so bestehen ebenfalls die Limes-Gleichungen (42). Aus dieser Tatsache leitet TREFFTZ [16] für den Fall periodischer Erregung $E(t)$ die Existenz wenigstens einer erzwungenen Schwingung her. Diese ist natürlich asymptotisch stabil (im Kleinen).

Man sieht leicht ein, daß asymptotische Stabilität sogar bei Dauerstörungen, die lediglich auf eine Schwankung der Dämpfungskraft hinauslaufen, besteht. Wir denken dabei an Störkräfte der Art

$$R(u, v, t) = r(u, v, t)v,$$

bei denen für $|u| \leqq \varepsilon$, $|v| \leqq \varepsilon$, $t \geqq 0$

$$|(F(y + v) - F(y)) - r(u, v, t)v| \geqq 2D|v|$$

und die Konstante D der gleichen Bedingung wie früher unterworfen ist.

Zum Schluß unserer Ausführungen müssen wir noch erläutern, daß tatsächlich jede Phasenbahn $u(t)$, $v(t)$ imstande ist (die entworfene Spirale von außen nach innen schneidend), zum Ursprung 0 der uv-Phasenebene vorzudringen.

Das ist nur dann nicht der Fall, wenn sie endlich viele Windungen um 0 ausführt, ohne danach in 0 einzumünden. Da die Bahn den von den Bögen $\widehat{P_1P_2}$, $\widehat{P_2P_3}$ und dem Abschnitt $\overline{P_1P_3}$ der u-Achse begrenzten Bereich nicht verlassen kann, sind auf ihr die Koordinaten u und v beschränkt, und das gleiche gilt offenbar von der Ableitung v' oder den beiden einseitigen Ableitungen $v'(t-0)$, $v'(t+0)$. Deshalb muß

$$\lim_{t\to\infty} u(t) = a \neq 0, \quad \lim_{t\to\infty} v(t) = 0 \tag{45}$$

sein.

Hat man $u(t) = a$ und $v(t) = 0$ für $t \geqq t_0 \geqq 0$, so kann nicht ständig $\overline{y}(t) = y(t) = 0$ sein; denn wegen der vorausgesetzten schwachen Gleitreibung ist ein permanenter Ruhestand ausgeschlossen. Ist aber in einem Zeitintervall $\overline{y}(t) = y(t) \neq 0$, so besteht die Gleichung

$$0 = v'(t) = -(G(x+a) - G(x)),$$

also $a = 0$ im Widerspruch zur Annahme. Somit ist der Fall $v(t) = 0$ für $t \geqq t_0$ nicht möglich.

Daß auch $v(t) \to 0$, $u(t) \to a \neq 0$ für $t \to +\infty$ nicht eintreten kann, vermuten wir auf Grund der folgenden Erwägungen.

Die Geschwindigkeit $y(t)$ der ungestörten Bewegung kann nicht gegen Null konvergieren; vielmehr gibt es eine unendliche Folge gleich langer sich nicht gegenseitig überdeckender Zeitabschnitte, in denen $|y(t)|$ einen festen positiven Wert überschreitet.

Wäre das nicht der Fall, so könnte nämlich die Schwankung des Ausschlags $x(t)$ in den Intervallen $[t_{2n}, t_{2n+1}]$, an deren Grenzen $E(t) = +M$ bzw. $-M$ ausfällt, für $n \to \infty$ beliebig klein werden. Solange die Geschwindigkeit y dem Betrage nach sehr klein ist, wird aber die Bewegung nahezu in eine Ruhepause, bei der die Verrückung x dauernd in der Nähe des Abschnitts $E(t) - \mu \leqq G(x) \leqq E(t) + \mu$ bleibt, ausarten. Das verlangt doch eine gewisse Mindestschwankung von x, weil sich der Abschnitt $[E(t) - \mu, E(t) + \mu]$ im Laufe der Zeit verschiebt, so daß er keinen festen Punkt der x-Achse immer enthält. Daraus erkennt man, daß die Annahme $y(t) \to 0$ für $t \to \infty$ falsch ist.

Weil der Geschwindigkeitsbetrag $|y|$ in der genannten Intervall-Folge eine positive untere Schranke besitzt, muß bei großen t-Werten $\{$wegen $(\overline{y}(t) - y(t)) \to 0$ für $t \to \infty\}$ die gleiche Aussage für die Geschwindigkeit $\overline{y}(t)$ der gestörten Bewegung zutreffen. Insbesondere sind die beiden Geschwindigkeiten y, $\overline{y}$ in solchen Intervallen gleichgerichtet. Dann hat man für beide Bewegungen die Schwingungs-Differentialgleichung mit beinahe gleichen Dämpfungsgliedern, aber wesentlich verschiedenen Rückstellgliedern; denn die Ausschläge x, $\overline{x}$ weisen ja eine endliche Differenz auf. Infolgedessen fallen auch die Beschleunigungen y', $\overline{y}'$ eine Zeitlang recht verschieden aus, und das steht im Gegensatz zur annähernden Gleichheit der Geschwindigkeiten y, $\overline{y}$.

Wir bringen nun in Anlehnung an [11] die (etwas umständliche) exakte Begründung der eben entwickelten Gedanken.

Dazu benötigen wir über die Funktionen $E(t)$, $t \geqq 0$, und $F(y)$, $-B - \varepsilon \leqq y \leqq +B + \varepsilon$, die zusätzliche Annahme: Die beiden Funktionen sind abteilungsweise differenzierbar mit absolut beschränkten Ableitungen.

Mit i_n bezeichnen wir das Intervall $[t_{2n-1}, t_{2n}]$, an dessen Grenzen die Erregerkraft ihr Minimum $-M$ bzw. ihr Maximum $+M$ erreicht. Die zugehörige Schwankung des Ausschlags $x(t)$ nennen wir s_n,

$$s_n = \{\text{Max}\, x(t) - \text{Min}\, x(t)\}/_{in\ i_n}.$$

$s_n = 0$ ist unmöglich, weil aus $x =$ konst in i_n

$$E(t_{2n}) - \mu = M - \mu \leqq G(x) \leqq E(t_{2n-1}) + \mu = -M + \mu,$$

d. h. $M \leqq \mu$, folgt — im Widerspruch zur Voraussetzung.

Es wird behauptet: Die positive Zahlenfolge $\{s_n\}$ hat eine positive untere Grenze,

$$\underline{\text{fin}}\, s_n = s > 0.$$

Im Fall $s = 0$ können wir nämlich aus ihr eine Nullfolge

$$\{s_{n_k}\};\ k = 0, 1, 2, \ldots;\ n_0 < n_1 < n_2 < \ldots$$

absondern:

$$s_{n_k} \to 0 \text{ für } k \to \infty.$$

In i_{n_k} sei $\operatorname{Max} |y| = y_{n_k}$, so daß $|y(t'_{n_k})| = y_{n_k}$ für $t'_{n_k} \in i_{n_k}$. Da $y(t)$ wenigstens einseitig differenzierbar ist und die Ableitung $y'(t)$ bzw. $y'(t-0)$, $y'(t+0)$ für $t \geqq 0$ beschränkt ist,

$$|y'| \leqq C,$$

erstreckt sich beiderseits von t'_{n_k} ein Abschnitt der Länge $y_{n_k}/2C$, wo für $t \geqq 0$ $|y(t)| > y_{n_k}/2$ ist. Davon gehört ein Teil der Länge $l_{n_k} = \operatorname{Min}(T', y_{n_k}/2C)$ zu i_{n_k}. Demnach gilt

$$s_{n_k} \geqq \text{Betrag der } x\text{-Differenz zwischen den Enden des Teils}$$

$$> \tfrac{1}{2}\, y_{n_k}\, l_{n_k} = \operatorname{Min}\left(\tfrac{1}{2} T'\, y_{n_k},\ \tfrac{1}{4}\, y_{n_k}^2/C\right),$$

$$y_{n_k} < \operatorname{Max}\left(2\, s_{n_k}/T',\ 2\sqrt{C s_{n_k}}\right).$$

Also

$$y_{n_k} \to 0 \text{ für } k \to \infty.$$

Wir wählen eine beliebig große (aber feste) ganze Zahl Z und nehmen aus i_{n_k} ein Stück i der Mindestlänge T'/Z, in dem überall $\operatorname{sgn} y = +1$ (oder $\operatorname{sgn} y = -1$) ist. (Existiert ein solches Stück gar nicht, so ist es gut.) In i gilt

$$y' = E(t) - F(y) - G(x) \mp \mu$$

$$y'' = E'(t) - F'(y)\, y' - G'(x)\, y,$$

$$|y''| \leqq D' \text{ für } t \geqq 0.$$

An der Stelle $t'' \in i$ erreiche $|y'(t)|$ den für i größten Wert:

$$|y'(t'')| = \operatorname{Max} |y'(t)|/_{\text{in } i}.$$

Dann gehört zu i eine Nachbarschaft von t'' der Länge $l = \operatorname{Min}(T'/Z, |y'(t'')|/2D')$, wo $|y'(t)| > |y'(t'')|/2$.

Daraus folgt

$$y_{n_k} \geqq \text{Betrag der } y\text{-Differenz zwischen den Grenzen dieser Nachbarschaft}$$

$$> \tfrac{1}{2}\, |y'(t'')|\, l = \operatorname{Min}(|y'(t'')|\, T'/2Z,\ |y'(t'')|^2/4D'),$$

$$|y'(t'')| < \operatorname{Max}\left(2\, Z\, y_{n_k}/T',\ 2\sqrt{D'\, y_{n_k}}\right).$$

Man findet weiter

$$\operatorname{Max} |E(t) \mp \mu - G(x)|/_{\text{in } i} \leqq \operatorname{Max} |y'(t)|/_{\text{in } i} + \operatorname{Max} |F(y)|/_{\text{in } i}$$

$$< \operatorname{Max}\left(2 Z\, y_{n_k}/T',\ 2\sqrt{D'\, y_{n_k}}\right) + \operatorname{Max}\left(F(y_{n_k}),\ -F(-y_{n_k})\right)$$

$$\operatorname{Max} |E(t) \mp \mu - G(x)|_{/\text{in } i \subset i_{n_k}} \to 0 \text{ für } k \to \infty$$

Wir setzen

$$\varepsilon^* = \frac{M-\mu}{4},\ \delta^* = \frac{\varepsilon^*}{M_1} \quad (M_1 \geqq |E'(t)| \text{ für } t \geqq 0)$$

und erhalten

$$|E(\bar{t}) - E(t)| \leqq M_1 |\bar{t} - t| \leqq \varepsilon^*$$

für $|\bar{t} - t| \leqq \delta^*$.

Mit der Zahl Z erfüllen wir jetzt die Ungleichungen

$$\frac{T'}{Z} \leqq \frac{\delta^*}{3},\ \frac{T'}{Z} \leqq \frac{2\mu}{M_1 + Bk_\varepsilon''^2}.$$

Die letzte bewirkt, daß ein Intervall i_+ oder i_-, dessen Länge kleiner als T'/Z ist, mindestens auf der einen Seite an ein Ruheintervall i_0 stößt, sofern es nicht über den Bereich $t \geqq 0$ hinausragt. Wenn nämlich $i_\pm[t_a, t_e]$ an kein Intervall i_0 grenzt, hat man

$$G(x(t_a)) \leqq E(t_a) - \mu,\ G(x(t_e)) \geqq E(t_e) + \mu \quad \text{für } i = i_+$$

$$G(x(t_a)) \geqq E(t_a) + \mu,\ G(x(t_e)) \leqq E(t_e) - \mu \quad \text{für } i = i_-,$$

d. h. in beiden Fällen

$$\operatorname{sgn} y \left\{\left[G(x(t_e)) - E(t_e)\right] - \left[G(x(t_a)) - E(t_a)\right]\right\} \geqq 2\mu$$

$$t_e - t_a \geqq \frac{2\mu}{M_1 + Bk_\varepsilon''^2}.$$

Die Zahl K sei so groß, daß für $k \geqq K$ in i_{n_k}

$$s_{n_k} \leqq \frac{2\varepsilon^*}{k_\varepsilon''^2},\quad \operatorname{Max}(2Z y_{n_k}/T', 2\sqrt{D' y_{n_k}}) + \operatorname{Max}(F(y_{n_k}), -F(-y_{n_k})) \leqq \varepsilon^*.$$

Wir betrachten in i_{n_k} die Teilintervalle

$$[t_{2n_k-1}, t_{2n_k-1} + \delta^*] \text{ und } [t_{2n_k} - \delta^*, t_{2n_k}],$$

die sich nicht überschneiden können.

Wir haben nämlich

$$(t_{2n_k} - t_{2n_k-1}) - 2\delta^* \geqq \frac{2M}{M_1} - 2\delta^* > 2\left(\frac{M-\mu}{M_1} - \frac{M-\mu}{4M_1}\right) > 0.$$

Hat eins dieser Intervalle Punkte mit einem Stück $i \subset i_{n_k}$ der Mindestlänge T'/Z gemeinsam, so gilt dort

$$|E(t) \mp \mu - G(x)| < \varepsilon^*,$$

d. h.

$$E(t) \mp \mu - \varepsilon^* < G(x) < E(t) \mp \mu + \varepsilon^*.$$

Anderenfalls enthält das betreffende Teilintervall offensichtlich einen Abschnitt i_0, wo

$$y(t) = 0,\quad E(t) - \mu \leqq G(x) \leqq E(t) + \mu.$$

Auf jeden Fall gibt es in beiden Teilintervallen t-Werte, für die

$$E(t) - \mu - \varepsilon^* < G(x(t)) < E(t) + \mu + \varepsilon^*.$$

Wegen $t - t_{2n_k-1} \leqq \delta^*$ bzw. $t_{2n_k} - t \leqq \delta^*$ ist

$$M + E(t) \leqq \varepsilon^* \text{ bzw. } M - E(t) \leqq \varepsilon^*$$

und daher

$$M - \mu - 2\varepsilon^* < G(x(t)) < M + \mu + \varepsilon^*$$

oder aber

$$-M - \mu - \varepsilon^* < G(x(t)) < -M + \mu + 2\varepsilon^*.$$

Deshalb muß die Schwankung des Ausschlags $x(t)$ in i_{n_k} größer als

$$\frac{2\,(M-\mu-2\varepsilon^*)}{k_\varepsilon''^2}=\frac{4\varepsilon^*}{k_\varepsilon''^2}$$

sein. Das widerspricht indessen der Annahme $s_{n_k} \leqq 2\varepsilon^*/k_\varepsilon''^2$, so daß tatsächlich $\underline{\text{fin}}\; s_n = s > 0$ ausfällt.

Dann ist auch in jedem Intervall i_n

$$(t_{2n}-t_{2n-1})\,\text{Max}\,|y| \geqq \text{Max}\,x(t)-\text{Min}\,x(t)=s_n \geqq s,$$

$$y_n=\text{Max}\,|y|/_{\text{in}\,i_n} \geqq s/T''.$$

Also enthält i_n ein Teilintervall i_n'' der Länge $l''=\text{Min}\,(T', s/2CT'')$, wo $|y(t)|>s/2T''$ ist.

Jetzt berücksichtigen wir die Gleichungen (45), aus denen wir einen Widerspruch herleiten wollen. Wir wählen die ganze Zahl n so groß, daß in i_n

$$|\bar{y}(t)-y(t)| \leqq \frac{s}{4T''}$$

ist. Dann gilt in $i_n'' \subset i_n$

$$|\bar{y}(t)| \geqq |y(t)| - |\bar{y}(t)-y(t)| > \frac{s}{4T''},$$

$$\text{sgn}\,\bar{y} = \text{sgn}\,y,$$

also

$$(\bar{y}-y)'+(F(\bar{y})-F(y))+(G(\bar{x})-G(x))=0,$$

$$|(\bar{y}-y)'| \geqq |G(\bar{x})-G(x)| - |F(\bar{y})-F(y)| \geqq k_\varepsilon'^2|\bar{x}-x| - |F(\bar{y})-F(y)|.$$

Weiterhin beschränken wir uns auf noch größere n, so daß in i_n auch

$$|u(t)| = |\bar{x}(t)-x(t)| \geqq \tfrac{1}{2}\,|a|,$$

$$|v(t)| = |\bar{y}(t)-y(t)| \leqq \eta^* \leqq \tfrac{1}{12}\,l''\,k_\varepsilon'^2\,|a|;$$

dabei soll in $[-B-\varepsilon, +B+\varepsilon]$ die Ungleichung

$$|F(\bar{y})-F(y)| \leqq \tfrac{1}{4}\,k_\varepsilon'^2\,|a| \text{ für } |\bar{y}-y| \leqq \eta^*$$

erfüllt sein.

Dann haben wir in i_n'' (mit den Grenzen t_a und t_e)

$$|v'| \geqq \tfrac{1}{4}\,k_\varepsilon'^2\,|a|,$$

$$\begin{aligned}2\eta^* &\geqq |\bar{y}(t_e)-y(t_e)| + |\bar{y}(t_a)-y(t_a)| \\ &\geqq |(\bar{y}(t_e)-y(t_e)) - (\bar{y}(t_a)-y(t_a))| \\ &\geqq \tfrac{1}{4}\,l''\,k_\varepsilon'^2\,|a| \geqq 3\eta^*\end{aligned}$$

Damit ist ein Widerspruch aufgedeckt und bewiesen, daß (wie erwartet) die Phasenbahn $u(t)$, $v(t)$ sich nicht einem Punkt $a \neq 0$ der u-Achse asymptotisch nähern kann.

Literatur

[1] BERGMANN-SCHAEFER, Lehrbuch der Experimentalphysik; I. Band: Mechanik – Akustik – Wärmelehre. W. de Gruyter & Co., Berlin 1945 (VIII + 622 S.).

[2] K. BÖGEL, Das Verhalten gedämpfter und aufschaukelnder freier Schwinger unter der gleichzeitigen Anwesenheit einer konstanten Reibungskraft. Ing.-Arch. **12**, 247–254 (1941).

[3] J. P. DEN HARTOG, Forced Vibrations with Combined Viscous and Coulomb Damping. Philos. Mag., VII. Ser., Vol. 9, 801–817 (1930).

[4] H. KAUDERER, Nichtlineare Mechanik. Springer-Verlag, Berlin-Göttingen-Heidelberg 1958 (XI + 684 S.).

[5] A. LJAPUNOW, Problème général de la Stabilité du Mouvement. Annales de la Faculté des Sciences de Toulouse (2. Ser.) **9**, 203–474 (1907). Nachdruck: Princeton 1949, Annals of Mathematics Studies Nr. 17.

[6] I. G. MALKIN, Theorie der Stabilität einer Bewegung. In deutscher Sprache herausgegeben von W. Hahn und R. Reißig, Akademie-Verlag, Berlin und Verlag Oldenbourg, München 1959 (XIII + 402 S.).

[7] E. MEISSNER, Resonanz bei konstanter Dämpfung. ZAMM **15**, 62–70 (1935).

[8] R. W. POHL, Einführung in die Mechanik, Akustik und Wärmelehre. Springer-Verlag, Berlin 1944 (IX + 328 S.).

[9] R. REISSIG, Erzwungene Schwingungen mit zäher Dämpfung und starker Gleitreibung II. Math. Nachr. **12**, 119–128 (1954).

[10] –, Erzwungene Schwingungen mit zäher und trockener Reibung — Abschätzung der Amplituden. Math. Nachr. **12**, 283–300 (1954).

[11] –, Über die Stabilität gedämpfter erzwungener Bewegungen mit linearer Rückstellkraft. Math. Nachr. **13**, 231–245 (1956).

[12] –, Über eine nichtlineare Differentialgleichung 2. Ordnung (4. Mitteilung). Math. Nachr. **15**, 47–54 (1956).

[13] F. K. RUBBERT, Über Schwingungen mit kombinierter Dämpfung. Ing.-Arch. **17** (1949).

[14] N. A. SCHELESZOW, Die Methode der Punkttransformation und das Problem der erzwungenen Schwingungen eines Oszillators mit kombinierter Dämpfung. Prikl. Mat. Mech. **13**, 3–40 (1949).

[15] W. SZABLEWSKI, Einfluß der Coulombschen Reibung auf Schwingungsvorgänge. Math. Nachr. **12**, 183–207 (1954).

[16] E. TREFFTZ, Zu den Grundlagen der Schwingungstheorie. Math. Ann. **95**, 307–312 (1926).

[17] H. ZIEGLER, Resonanz bei konstanter Dämpfung. Ing.-Arch. **9**, 50–76 (1938).

[18] –, Erzwungene Schwingungen mit konstanter Dämpfung, Ing.-Arch. **9**, 163–178 (1938).